图话农药那些事儿

马冬君　主编

U0256108

中国农业出版社

编　委　会

主　　编　马冬君

副 主 编　许　真　钱　华

参编人员　张喜林　李禹尧　王　宁　宋伟丰

　　　　　刘媛媛　姜元光　孙鸿雁　张丽丽

　　　　　丁　宁　康殿科　刘月辉　董德峰

　　　　　张守林　林　影

审　　核　闫文义

前　言

　　农作物和人一样，生病的时候也要吃药，而且要对症下药。这里面学问可大了，光是辨清药的种类就得下一番功夫，那买药、选机械的门道也不少，发生药害安全事故时，正确处理更是关键，否则稍有不慎就会酿成大错。想在最短时间全面了解农药知识？还要简单、易学？那就快翻开这本《图话农药那些事儿》，一起看图学技术吧。

2015 年 9 月

目　录

第一章 农药品种多

常用农药种类 1（按性质划分）

农药按性质可分为化学农药和生物农药两大类。目前，生产中主要以化学农药为主，但绿色环保的生物农药同样具有良好的应用前景。

常用农药分类 2（按用途划分）

除草剂： 如乙草胺、2,4-D 丁酯、莠去津、烟嘧磺隆、莎稗磷、草甘磷、百草枯等。

植物生长调节剂： 如芸苔素内酯、多效唑、赤霉素等。

杀虫剂：

如吡虫啉、毒死蜱、高效氯氰菊酯、阿维菌素等。

杀菌剂：

如多菌灵、代森锰锌、井冈霉素、枯草芽孢杆菌等。

常用剂型 1

粉剂：可用于喷粉、撒粉、拌毒土等。其中，可湿性粉剂可按比例兑水喷雾。

阿维菌素
有效成分含量：3%
剂型：颗粒剂

颗粒剂：用于撒施，高毒农药颗粒剂一般作土壤处理或拌肥沟施，水分散颗粒剂可按比例兑水喷雾。

常用剂型 2

来吧，我们下地去，庄稼都等急了。

水剂：以水作为溶剂，加工方便，成本低廉。

乙草胺 乳油

苦参碱 水剂

乳油：由农药原药、溶剂和乳化剂组成。

悬浮剂：有悬浮颗粒，静止时略有分层，可流动液体状的制剂，使用前摇匀兑水喷雾。

对症用药

每种农药都有防治范围和对象，一定要弄清造成作物危害的虫、病、草、鼠害等是哪一类、哪一种。

以前管用的药，为什么不管用了？

害虫、杂草都有抵御外界恶劣环境的本能，长期使用同一种农药或施药浓度过高、用药量过大，药效就会逐渐减退，慢慢产生抗药性。

这虫子咋不死呢？

爹妈把抗药性遗传给我了，这药对我无效。

抗药性怎么防？

农药大多是针对某一病虫草害研制生产出来的，定期轮换作用机理不同的农药品种或不同品种混合使用，可有效预防抗药性。

用药适度、科学减药

适度放宽防治指标，减少用药次数和用药量，不仅可以避免浪费、降低环境污染，还能有效延缓抗药性。

第二章 买药注意啥

到合法的农药经营商店购买农药

农药经营商店必须有工商部门核发的营业执照和危险化学品经营许可证，且执照经营范围必须标明可经营农药。

正规农药"三号"齐全，印刷规范

购买的农药要有"农药登记证号"、"准产证号"和"产品标准号"，缺一不可。

农药标签必须合格

标签应紧贴或者印制在农药包装物上，
标注内容完整、清晰。

名称：××××
企业名称：×××××公司
产品批号：×××××
农药登记证号：××××××
　（或者农药临时登记证号）
农药生产许可：×××××××
　（或农药生产批准文件号）
产品执行标准号：×××××××
有效成分、含量、重量、毒性、用途：
使用技术：
使用方法：
生产日期：××××年××月××日
有效期：　××××年××月××日
注意事项：

当心标签陷阱

一些生产、经营企业在利益趋动下，会擅自修改审定的标签内容。例如，产品登记的适用作物是小麦，却擅自改写成玉米；防治对象是蚜虫，却标注成菜青虫。

进口农药的标签

进口农药产品直接销售的，可以不标注农药生产许可证号、农药生产批准文件号、产品标准号。

原产国：××××
生产商：×××
驻中国办事处：×××××××
（中国代理商：×××××××）
地址：××××××××
邮政编码：××××××××
联系电话：××××××××

进口农药，要有这样的中文标签才能卖呢。

注意生产日期

要认真查看包装物或标签上的生产日期，超过保质期的产品不要买。

过期农药能用吗？

超过质保期的农药，经检定机构检验，符合标准的，可以在规定期限内销售；但是，必须注明"过期农药"字样，并附具体使用方法和用量。

假农药

以非农药冒充农药或以此种农药冒充它种农药；所含有效成分的种类、名称与产品标签或者说明书上注明不符的为假农药。

劣质农药

不符合农药产品质量标准；失去使用效能或者混有导致药害等有害成分的农药为劣质农药。

靠外观识别合格农药 1

包装：包装材料坚实，无破损，无泄漏，字迹清晰。

标签：标签内容按法规要求标准标识，内容全面翔实。

靠外观识别合格农药 2

乳油、水剂液状透明，无沉淀、无漂浮物。
悬浮剂为可流动的悬浮液，无结块，静止时略有分层，
摇晃后能形成均一的悬浮液。

失效农药——粉剂类

合格的粉剂农药无吸潮结块现象。外表呈受潮状态，用手握时能成湿团，为半失效农药；结成软块，则全部失效。

失效农药——可湿性粉剂类

← 1. 取少许农药倒在容器内，加入适量的水将其调成糊状。

→ 2. 加入少量的清水搅拌均匀，静置后观察。

← 3. 合格农药悬浮性好，粉粒沉淀速度较慢，沉淀物也特别少。

失效、变质

27

失效农药——乳剂类

分层
已经失效

一小时后

没有分层
可以使用

温水

溶化 ——→ 未变质
油水分层 ——→ 失 效

28

算个明白账，不花冤枉钱

选购农药时不可单看农药的价格，而应考虑到每亩地的施药量、使用次数、使用方法。

这一算账才知道，卖得贵的这种其实更省钱。

有效成分高的，要用 4 瓶
45 块钱 ×4 瓶 =180 元

有效成分低的，要用 6 瓶
38 块钱 ×6 瓶 =228 元

索要发票

购买农药时，一定要经营者开正式销售发票，以便发现问题及时根据检验结果进行索赔。

第三章 除草剂如何用

除草剂需求逐年大增

随着农业现代化水平的提高和农村劳动力的减少，除草剂的需求量持续加大，增长率远高于杀虫剂和杀菌剂，如何用好除草剂，避免药害和残留问题成为人们日益关注的话题。

这些因素会影响除草剂药效

温度：

高温下杂草生长发育快，吸收传导药剂的能力强，药效高。但气温在28℃以上时，杂草叶片气孔关闭，药剂吸收较慢。最适温度在22～28℃。

湿度：

相对湿度在70%～80%药效发挥较好。

避免药害

在当地没有使用过的药品最好先做一下试验。

除草剂试验田

播种前用 NA（1,8-萘二甲酸酯）等解毒剂包衣，就能减轻硫代氨基甲酸酯类除草剂对我的毒害了。

避免药害

耕翻土地、灌水泡田、串灌等措施可减轻前茬使用的除草剂残留。喷施植物生长调节剂、加强水肥管理等措施，促进作物生长，减轻除草剂药害。

对生长抑制型除草剂产生的药害，喷洒赤霉素或撒石灰、草木灰、活性炭等，可减轻药害。

对触杀性除草剂产生的药害，也可使用化学肥料促使作物迅速恢复生长。

除草剂残留

农药残留是指农药在土壤中 12 个月还没有完全分解，仍然在土壤中存留的部分。

对后茬其他作物生长造成危害的长残效农药。	
莠去津	咪草烟 氟磺胺草醚
用于玉米田	用于大豆田

麦田化学除草选好时机

要当心麦田里的长效残留除草剂

甲磺隆、绿磺隆及其复配药剂仅限于长江流域及其以南地区酸性土壤的稻麦轮作小麦田使用。

麦田用嘧唑磺草胺，40天内要避免间作十字花科蔬菜、西瓜和棉花。

使用阔世玛的麦田套种下茬作物，应在小麦起身拔节55天以后进行。

玉米品种对除草剂的敏感性不同

特别是甜、黏、爆裂玉米品种对磺酰脲除草剂及硝基磺草酮的敏感性不同。

助剂与增效剂

可以提高玉米田茎叶喷雾的除草效果。

甲酯化植物油按喷液量的 0.5% ~ 1% 加于喷洒液中，喷雾除草效果好。

拜托拜托，选个低残留的药，给我们留条活路。

应避免玉米后茬作物甜菜与油菜的残留药害问题。

水稻田除稗草

丁草胺、丙草胺等除草剂要求在稗草 1.5 叶期以下、水稻移栽一周后使用，不宜在直播田使用。

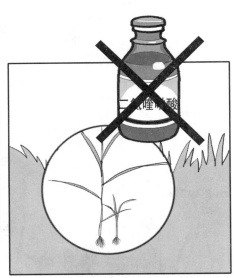

二氯喹啉酸防除大龄稗草效果较好，但如果在水稻 2.5 叶期前使用，容易对水稻造成药害。

根据土地情况挑选水稻除草剂

一般沙质土壤或漏水田，应选用茎叶处理除草剂。

保水性好的田块，可以选择撒施的除草剂。

禾草特、禾草丹、莎稗磷、环庚草醚等在带有沙粒的土壤中或以旱改水的前2~3年，药剂很快渗漏到土壤中，接触到水稻根系，易发生药害，不宜使用。

在大豆田使用长残效除草剂
可能对后茬作物造成伤害

大豆田长效除草剂选用禁忌 1

第四章 药害怎么办

什么是药害？

药害是指农药对农作物的生长发育造成的危害。

急性型药害

症状通常在施药后几小时到几天内出现。

叶片出现斑点、焦灼、卷曲、畸形、枯萎、黄化、失绿或白化等。

根部受害表现为根部短粗肥大，根毛稀少，根皮变黄或变厚、发脆、腐烂等。

慢性型药害

施药后，不是很快出现明显症状，仅是表现生长发育不良，延迟结实，导致果实变小或不结实，籽粒不饱满，产量降低或品质变差。

咱这是慢性病，一两天看不出来。

人家又高又壮的，咱们一直不长，今年要报废了！

残留型药害

当季作物不发生药害，而残留在土壤中的药剂，对下茬较敏感的作物产生药害。多在下茬作物的幼苗期产生，当根扎到药层时，根尖会变形变色影响正常生长。

药害原因之一：超量使用

由于杂草的抗药性逐年加强，同一种药剂的使用量逐年加大，甚至会超出几倍使用，导致作物受药害。

药害原因之二：错混

两种或多种农药之间混用不当，也易产生药害。

药害原因之三：残留

由于长期连续单一使用某种残留性强的农药，或超量使用长残留除草剂造成药害。

药害原因之四：飘移

使用农药时粉粒飞扬或雾滴飘散会对周围敏感作物产生药害。

药害原因之五：喷雾机械清洗不彻底

喷施除草剂后没有彻底清洗喷雾机械，残液如果对后面要喷施的作物有伤害，就会造成药害。

药害原因之六：不同生育期的药剂敏感度不同

不同作物在不同生长时期，对药物的敏感性不同，要选择适宜时期进行喷药。

药害原因之七：环境影响

一般情况下气温升高，农药的药效会增强，但有时药害也随之增强，还有些除草剂在温度低时易造成药害，如苗前除草剂嗪草酮等。

药害原因之八：误用

给作物施用了不能用于该作物的药，会造成药害，尽管生产上发生几率不大，但是后果严重，特别是误用了除草剂。

药害缓解方法之一：清水冲洗

当作物喷施除草剂过量或临近的敏感作物接到药液时，可立即用干净的喷雾器装入清水，对准受药植株连续喷洒几次，以清除或减少作物上除草剂的残留量。

药害缓解方法之二：追施速效肥

按照作物生长季节的一般追肥量，结合浇水追施速效磷、钾肥，可促进作物生长，提高抗药害能力，降低药害造成的损失。

0.3% 磷酸二氢钾溶液

药害缓解方法之三：加强中耕松土

根据作物生长季节，适当增加中耕松土次数。中耕由浅到深，增强根系对养分和水分的吸收能力，使植株尽快恢复生长发育。

药害缓解方法之四：喷施植物生长调节剂

针对药害性质，应用与其相反性质的药物中和缓解，可使作物逐渐恢复生长。

第五章 机械要选对

植保机械的分类

按喷施剂型和用途分： 喷雾器、喷粉器、烟雾机、弥雾机、撒粒机等。

按运载方式分： 手持式、肩挂式、背负式、拖拉机牵引式、自走式等。

选择正规厂家生产
经国家质检部门检测合格的药械

小面积喷洒农药宜选择手动喷雾器。

较大面积喷洒农药宜选用背负机动气力喷雾机或风送弥雾机。

大面积喷洒农药宜选用喷杆喷雾机。

选择合适的喷头 1

应根据病、虫、草和其他有害生物防治需要和施药器械类型选择合适的喷头。

选择合适的喷头 2

苗前封闭除草剂和生长调节剂：

80° ~ 110° 角的扇形喷头、实心圆锥喷头。

杀虫剂、杀菌剂及苗后除草剂：

空心圆锥雾喷头。

喷药前要检查和校准一

作业前检查器械的压力、控制部件。喷雾器（机）截止阀应能够自如扳动，药液箱盖上的进气孔应畅通，各接口部分没有滴漏。

在喷雾机具检修后、拖拉机更换车轮后或者安装新的喷头后，都要校准施药器械。

喷药前要检查和校准二

先用清水测试一下机器，检查行走速度、喷幅以及药液流量和压力。

使用时要避免堵塞喷头

使用前和使用后都要认真清洗。

配药选用清洁的水，并通过纱网过滤。

再次配药或中间休息时，不要随便将喷头放在松土上，更不可拿着喷杆在地上敲着玩。

遇到喷头堵塞别慌张

立即关闭截止阀，清水冲洗喷头。

要戴着乳胶手套进行故障排除。

排除故障，将喷头拧紧后，记得用肥皂水洗手。

拧开喷头，用毛刷疏通喷孔和滤网。

不能这样疏通喷头

拿着喷杆乱敲，指望能侥幸疏通喷孔

用嘴对着喷头吹。

用大铁钉硬撬喷孔，使喷孔增大。

喷施药剂

背负机动气力喷雾机宜采用降低容量喷雾方法，沿前进方向摇摆喷洒，不应将喷头直接对着作物。

使用手动喷雾器喷洒除草剂时，喷头尽量避免对向苗眼，要对准有害杂草喷施。

设施内施药

棚室内采用烟雾法、粉尘法、电热熏蒸法等施药时，应在傍晚封闭棚室后进行。

使用热烟雾机要防烫伤

热烟雾机在使用时和使用后半个小时内，应避免触摸机身。

喷雾器清洗

用于喷施杀虫、杀菌剂的喷雾器在三次清洗后，可再次喷施其他杀虫或杀菌剂。

清洗后正确存放

施药作业结束后，清洗机具、保养后存放，应对可能锈蚀的部件涂防锈黄油。

给机器上上油再收起来。

保养后的器械放在干燥通风的库房内，切勿靠近火源，或与农药、酸、碱等腐蚀性物质存放在一起。

第六章 安全生产很重要

保存要得当

农药必须存放在专门的仓库或专门的箱柜里，而且要上锁，由专人保管。每个农药容器上都要有明显的标签。

不能放在居室、禽畜厩舍里。

配药专人、容器专用

配制农药溶液以及用农药浸种、拌种的工作要由专人负责。穿好长袖衣服和长裤，戴帽子、乳胶手套和口罩，避免药液溅到身上或农药气体被人吸入，操作地点要远离住宅、禽畜厩舍、菜园、饮水水源。

工具和容器要专用，不能用于其他用途。

大量药剂调配

田块面积较大，施药液量超过一药箱时，在安全场所预先分装，再带到田间使用。

看天打药

气温：大风、下雨、高温、高湿条件下不宜使用农药，否则会降低药效，增加污染环境和药害机会。

风向：应在上风头向下风处（即顺风）施药。如风速 >3 级，应停止施药。

计算好安全间隔期

安全间隔期：最后一次施药至收获时必须间隔的天数。不同农药安全间隔期不一样，必须仔细阅读农药标签上的说明。

施药过程防中毒

操作过程中不要抽烟，不要吃东西，不要喝水，不要用污染的手擦脸和眼睛。

安全警示

施药后应在田间插入警示标记，避免人畜误食，引起中毒事故。

有机磷类农药中毒症状

| 重度中毒 | 中度中毒 | 轻度中毒 | 头晕、头痛、恶心、呕吐、多汗、胸闷、视力模糊、无力、瞳孔缩小。 |

中度中毒：肌纤维颤动、瞳孔明显缩小、轻度呼吸困难、流涎、腹痛、步态蹒跚、意识清楚。

重度中毒：昏迷、肺水肿、呼吸麻痹、脑水肿。

简单急救——皮肤感染者

立即去除被污染的衣服，用清水反复冲洗，绝不能不做任何处理就直接拉患者去医院，否则会增加毒物的吸收。

简单急救——吸入引起中毒者

立即将中毒者带离施药现场，移至空气新鲜的地方，并解开衣领、腰带，保持呼吸畅通，注意保暖，严重者立即送医院治疗。

简单急救——经口引起中毒者

对于意识清醒的口服毒物者，应立即在现场反复实施催吐，在昏迷不清醒时不得引吐，应尽快送医。

施药结束，还有善后工作呢

工作之后要用肥皂洗澡，换衣服。污染的衣服要用 5% 碱水浸泡一两个小时再洗净。剩下的少量药液和洗刷用具的污水要深埋到地下。

不丢弃残液及包装物

计划好用药量，尽量用完。喷雾器中未喷完的残液应用专用药瓶存放，安全带回。空药瓶、空药袋集中收集妥善处理，不准随意丢弃。

严禁把剩余农药倒在易污染水井、河流、湖泊和池塘的地方。

安全处理废弃物

深埋：是常用的方法，但必须在远离住宅区和水源的地方。

焚化：所有有机农药，均能焚烧而被破坏，而重金属经焚烧后仍具有毒性。

编者的话

　　针对农民在农药使用过程中面临的诸多问题，黑龙江省农科院总结多年农技推广经验，编写了这本《图话农药那些事儿》。用简洁、生动的画面图解复杂的技术问题，力求做到农民喜欢看、看得懂、用得上。

　　希望此书的出版，能够对广大农民朋友增收致富有所帮助。

图书在版编目（CIP）数据

图话农药那些事儿 / 马冬君主编.—北京：中国
农业出版社，2016.1
ISBN 978-7-109-21378-4

Ⅰ．①图… Ⅱ．①马… Ⅲ．①农药施用–图解 Ⅳ.
①S48–64

中国版本图书馆CIP数据核字（2016）第007532号

中国农业出版社出版
（北京市朝阳区麦子店街18号楼）
（邮政编码 100125）
责任编辑 闫保荣
————————————
中国农业出版社印刷厂印刷 新华书店北京发行所发行
2016年1月第1版 2016年1月北京第1次印刷
————————————
开本：787mm × 1092mm 1/24 印张：4.5
字数：50千字
定价：12.00元
（凡本版图书出现印刷、装订错误，请向出版社发行部调换）